家居空间细部设计
JIAJUKONGJIAN XIBU SHEJI

天花

李翠华　赵子夫》》》主编

编写说明

　　天花装饰是家装中的重要组成部分，然而其形式具有局限性、单调性，这个问题一直是现代家装中处理天花问题时所面临的困惑。为了更好地引导消费者选择适合自己的个性化需求，表现各种不同室内气氛，强化空间的装饰效果，并且更为经济、实用，更能够表现家装的潮流，本书创作了各种不同特色的天花形态：

　　具有 80 和 90 后年轻人喜爱的特色，表现生动活泼，张扬个性风采的平面、色彩构成的天花芯板做吊灯底台，既可用于客厅天花，可用于餐厅、卧室天花，还可以选做门厅局部吊顶，会起到异常生动的效果，其简洁、经济、实用，一定会为众多年轻人所喜爱。

　　具有传统文化特色的天花，是老少皆宜的形式。那轻巧的传统木格子构成的天花边饰，简洁之中早已把文人气息张扬得淋漓尽致。

　　具有大众化表现的现代流行特色的天花，深受人们喜爱，适合于门厅、餐厅、客厅、卧室等吊顶部位，不落俗套。

　　本书每页下部是关于理想家居环境营造和家庭装修工艺方面的文字，方便读者查阅。

　　本书还附赠光盘，含不同风格特征的家装图片 396 幅，内容包括门厅、客厅、餐厅、卧室等室内环境，为读者提供更多的参考。

U0225897

辽宁科学技术出版社

本书编委会

主　　编　李翠华　赵子夫
副 主 编　赵成波　李嵘　柳松　李秋实
编　　者　唐利　高宏杰　吴志刚　毕秀丽　陈大卫　陈阳　代佳佳　顾大局　郭虹霞　韩坤
　　　　　何新　姜琳　李波　李博　李建　李凯茜　李锐　李晟业　李严　李志
　　　　　梁艳　刘方旭　刘国鹏　刘浩　刘惠光　刘佳　南一凡　邱雨冰　史媛媛　宋光
　　　　　孙海涛　孙鹏飞　陶瑾　王佳如　王强　王志伟　温海龙　邢燕　徐冰　杨大为
　　　　　杨松海　杨岭峰　袁强　张长付　张蕾　郑威　周侗　周丽楠　祝晓彬　郑宏博
　　　　　苏睿　吕娜　徐静　王晓雷　王筝　王正坤　郑宏博　祝雅娟　徐琳　丛颖
　　　　　仲胤　王强　邱崇太　孙玥晗　朱晓跃　时坚　陈鸿艳　刘德露　韩景宇　仲岩
　　　　　于海坤　恒艺装饰　新大华装饰

图书在版编目（CIP）数据

家居空间细部设计.天花 / 李翠华，赵子夫主编. —
沈阳：辽宁科学技术出版社，2013.2
　　ISBN 978-7-5381-7919-4

　　Ⅰ.①家… Ⅱ.①李… ②赵… Ⅲ.①顶棚—室内
装饰设计—细部设计—图集　Ⅳ.①TU241-64

中国版本图书馆 CIP 数据核字（2013）第 039380 号

出版发行：辽宁科学技术出版社
　　　　　（地址：沈阳市和平区十一纬路 29 号　邮编：110003）
印 刷 者：沈阳天择彩色广告印刷有限公司
经 销 者：各地新华书店
幅面尺寸：210mm×285mm
印　　张：3.5
字　　数：90 千字
出版时间：2013 年 2 月第 1 版
印刷时间：2013 年 2 月第 1 次印刷
责任编辑：郭　健
封面设计：曹　琳　刘　欣
版式设计：赵子夫　李　嵘
责任校对：栗　勇

书　　号：ISBN 978-7-5381-7919-4
定　　价：24.80 元（附赠光盘）

联系电话：024-23284536　13898842023
邮购热线：024-23284502
E-mail：1013614022@qq.com
http://www.lnkj.com.cn
本书网址：www.lnkj.cn/uri.sh/7919

阅读引导

家居空间细部设计

家庭装修

天花

家装细部

▲ 设计 / 恒艺装饰

▶ 设计 / 何新

▶ 设计 / 恒艺装饰

◀ 设计 / 李波

▶ 设计 / 李波

天花

▼ 设计 / 李波

■ 理想家居环境

● 天人合一与和谐家居

　　"天人合一"思想具有一套可行的内容，其中和谐是一个很有意义的话题，如果想要在宴会上与人分享对天人合一思想最新的感悟，并且能够使用一些有逻辑推理和感性的例子，而不是空穴来风、含糊其辞地展开讨论的话题，就必须了解其中和谐的基本常识，再使用一些最简单的和谐技巧，就会感受到生活发生了改观，由于强调天人合一的作用而有所收获。

　　清除杂物是实现目标的一个必要步骤，保持住宅的清洁能给人带来快乐、提高效率和形成平和的心态。在生活中，"旧的不去、新的不来"。为给新添置的物品找到安身之处，需要清除那些不用、不想要和不需要的东西。如果书架上摆满了旧书，就没有空间留给新鲜的、有启发性的作品以激励自己、教育自己，也就无法达到自己时下和长远的目标。

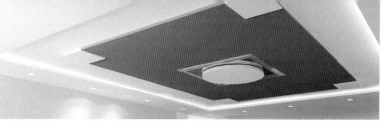

▶ 设计 / 李凯茜

◀ 设计 / 李波

▼ 设计 / 李波

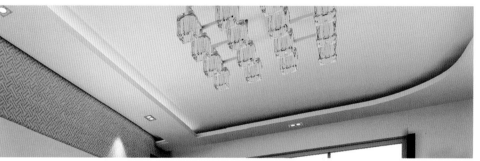

◀ 设计 / 李波

▼ 设计 / 李波

▶ 设计 / 李波

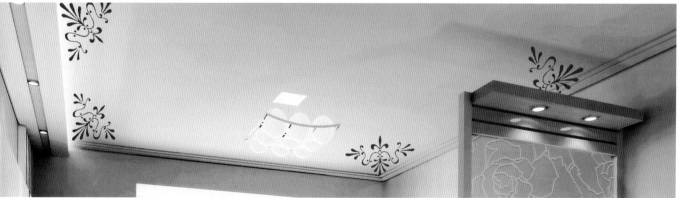

家装细部

05

　　光明象征希望、创造性和生产力；而黑暗则与畏缩、冬眠和悲伤相关。暗黑的居住环境平添生活的压力，令人意志消沉。环境中充满阳光，能够提升人的情绪，扩大人的视野。

　　把大自然带回家，增添和谐与健康的能量。科学研究表明，植物制造氧气并且能够清除二氧化碳，令人感觉神清气爽。加之喷泉流水潺潺，让人气定神闲，摒除杂音，精神平和。

　　不同的颜色也可以影响心情，红色和橘黄色带来刺激，让人兴奋；蓝色、绿色和淡紫色能让人平静和放松。

　　摆放与亲人、生活中幸福时刻的照片，它将给人带来会心一笑，家里的每个人也都将感觉到积极的能量正从这些照片中散发开来。

　　这些都是与和谐相关的事实，都是关于天人合一的表现，在让它们起作用之前，首先应该确定从哪里入手，并按照自己的规划不断调试，找到最适合的方法，在实践过和谐原则的正确性之后再开始学习掌握天人合一思想。

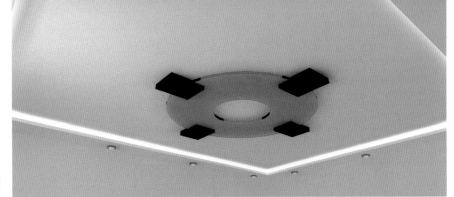

▶设计/高宏杰

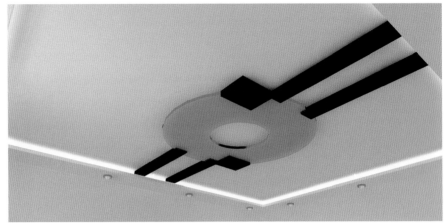

▶设计/高宏杰

◀设计/郭虹霞

▶设计/何新

◀设计/陈阳

天花

家装细部

　　天花是住宅环境中的一个十分重要的组成部分，低头看地，抬头见天。天花的形态、色彩不仅可以充分反映各种不同功能的房间的特性，更能给人们精神创造愉悦，起到令人心旷神怡的效果。

　　天花因房间功能不同而有各自的设计特点：

●门厅天花

　　门厅天花因门厅的独立式、连厅式和过廊式的种类不同而各异。

　　独立式门厅天花　独立式门厅是指门厅与过廊间、与客厅或内室间有一个相对的独立区域。这个区域因住宅面积大小而有别。常见的中等户型门厅的面积有 6～10m²。这类门厅天花可做成独立式小的吊顶。豪华型以方、圆两种叠级吊顶居多，中间为吸顶灯，四周做暗藏灯光照明。无论中式、欧式、现代式，其特征相同，只是配饰的各种文化装饰符号有别。较大的门厅，其天花可做成较为复杂、装饰华丽的形式，不会造成空间的狭小。

▶设计 / 杨岭峰

▼设计 / 恒艺装饰

◀设计 / 何新

◀设计 / 何新

▼设计 / 顾大局

　　连厅式门厅天花　连厅式门厅常常是门厅与过廊，门厅与客厅相连，其间没有或不会形成独立式区域。这类门厅较为多见，尤其是现在中小户型住宅，由于面积不够，常常是开门见堂，左为餐厅、厨房，右为客厅。这类天花需将餐厅与客厅统筹考虑，不宜强做门厅形态。如需要特殊表现门厅，尤其年轻人追求时尚特色，可以在对餐厅、客厅、天花作整体考虑后，在门厅上方做悬吊式，即下浮天花，以一块大半圆或方形、长方形或其他形态悬吊于上方，边缘加虚光灯，中间加筒灯装饰。

　　过廊式门厅天花　过廊式门厅天花，是指门厅天花与过廊天花融为一体。这类天花可按过廊式装饰方法设计，表现过廊的延伸和导向作用。通常这类天花采用节奏排列法设计。即用较粗大的木方或 6cm×8cm 的中等木方，每间隔 400mm 或 500mm 排列一根，内加虚光，或木方中嵌筒灯；还可用长方形的夹心板做节奏排列，中间留缝；也可用玻璃板、彩色阳光板等做节奏排列，内藏灯光，同样可得到特征各异的装饰风格。

◀ 设计 / 何新

◀ 设计 / 何新

▶ 设计 / 恒艺装饰

▼ 设计 / 李波

● 门厅天花类型

平天花 独立式门厅天花做平天花装饰可利用不同的装饰棚角线来增加特色。如采用欧式的花纹浮雕，石膏线围合四边，具有华丽而优美的情调，为增强装饰特色，还可在白色石膏线上的花纹处描金，更为华贵。也可用红木或木本色木材装饰线，镶嵌于四周，自然而亲切。还可以在平天花上用50mm宽的木线做"井"字格贴饰，起到点睛的作用，尤其对于很小面积的门厅天花更为适用，能增加亲切感和趣味性。

叠级式天花 门厅叠级式天花是在天花周围做叠级错落的形式，形成空间的错落层次感。门厅叠级式天花的错落层次一般为：较大面积门厅可用二级、三级错落，每层次高度不大于80mm，宽度不大于150mm；较小面积门厅天花一般采用一级错落，以免造成压抑感。

叠级天花的形态可分为圆形、正方形、长方形、六边形、八边形几种，也可做海棠形、月牙形、莲花形及自由曲线

◀设计 / 何新

▶设计 / 恒艺装饰

◀设计 / 何新

▶设计 / 何新

▼设计 / 恒艺装饰

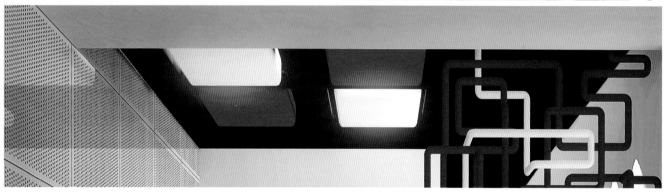

◀设计 / 李波

形、大半圆（即日初形）等，这些形态都各有不同的文化寓意。

　　叠级天花的装饰可采用以下几种方法：镶嵌式，为使不同形态的天花更为生动活泼，可采用红胡桃木（或木本色）方块，在天花的特定位置镶嵌，如四角嵌方木，强化四角的方位关系，表现端庄，方木内可嵌筒灯；十字嵌方木，在图形的中心画出十字线，定位出叠级形态的四边中心点，在各自中心点嵌方木，内加筒灯，表现点的强化作用，突出叠级特点；三点嵌方木，在自由式天花或一条横板式悬吊天花的中间，用三块方木嵌于中间，可增加这种天花的生动性和活泼性。压条式，在叠级天花的下边缘，四周用 40~50mm 宽木线围合，以强化天花形态的完整性和显著性。用欧式的平板花纹石膏线贴饰叠级天花的下边缘，可起到华丽的装饰作用。

●餐厅天花

　　餐厅天花的形式因餐厅的种类不同而各异，一般餐厅天花分为独立式与一隅式。

◀设计/李凯茜

▶设计/李严

▶设计/何新

◀设计/李波

▶设计/李晟业

天花

◀设计/李波

家装细部

　　独立式天花　餐厅独立式天花因室内面积较大而形成独立的一个区域或房间。这类天花可做成独立式吊顶形态。其风格可自由确定。常见的餐厅独立式天花为正方形、长方形吊顶，这种式样虽然古老，但为人们所喜于接受采纳。因其形态规矩、严谨，表现一种理性美，且易与其他房间吊顶形态融合，施工方便，在现代家装中较盛行。

　　在餐厅天花吊顶中，现代还流行着追求奇特、寻求个性，表现时尚的个性化独立式天花，其式样纷杂，情趣各异。

　　▲**自由曲线式**　在天花靠餐厅一侧，用一块自由曲线边缘的板材吊于一侧，内加虚光，表现一种浪漫的情怀。这种曲线天花可用石膏板制作，下面可适当加设筒灯，也可在靠近墙侧留有上凹的部分内加虚光，创造虚实感，增加生动性。

　　▲**自由曲面式**　在餐厅中部用一块如上下波浪式起伏的曲面板悬吊，板边缘加虚光，板间可开孔做镂空以增加虚实感，也可在板间加筒灯，还可在板间做几条凹槽，以增加生动性，或在板下直接吊挂灯饰。这种天花活泼、轻快，让人感觉轻松。为增加其生动性，还可在板边镶嵌红木方或白方块。

◀ 设计 / 李严

▶ 设计 / 李严

▲ 设计 / 李严

▶ 设计 / 李凯茜

◀ 设计 / 李波

▶ 设计 / 李锐

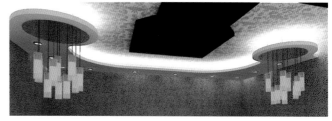

   ▲自由错落式　在餐厅中部用大小不同但形态种类相似的或圆形或方形的板，任意高低错落或叠落垂吊，板下加筒灯，板边加虚光，或在板中开圆孔等，力求达到不同一般的浪漫特色。

   ▲简易条板式　在餐厅靠墙的一侧或对应的两侧，用一块宽板做简易悬吊，内加虚光，下加筒灯。这种形态简洁明了，工艺简单，成本低。为消除单调感，在板边靠墙侧留一条空间以透光，也可有意开出凹形以透光，增加活泼性和虚实感。

   ▲乡村木条式　追求自由，表现自然，放松心情。常用一些较粗大的木方（过大木方可用夹心板钉合而成）作节奏排列，表现一种特有的节奏和秩序美。木方可用红木色、木本色、火烧木等，并用农村特有的锻造铁钉钉饰，以表现粗犷的乡村特色，还有的用一些涂了黑漆的铁板装饰件镶嵌，以增加其古朴特征。也有些追求华丽装饰的自然风格，采用黄铜板装饰件对木方包角，如云纹角、如意角、莲花角等，并用黄铜大铆钉装饰，这种木方装饰常用红木特色的木方，

◀ 设计 / 高宏杰

▼ 设计 / 高宏杰

▼ 设计 / 吴志刚

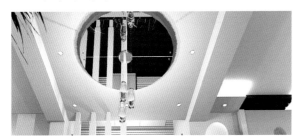

◀ 设计 / 陈大卫

▼ 设计 / 陈大卫

以追求中式文化特征。

　　▲简易时尚式　在餐桌上方的天花,采用两条白钢丝和白钢吊钉拉挂于天花上,钢丝间横吊几块白方板或木方板,内嵌筒灯,或直接在钢丝间挂几盏筒灯,表现轻快、明了、简洁、时尚。

　　▲镜面天花　餐厅天花追求活泼、生动,常用一块或四块玻璃拼方的形式贴于天花上,或用木方围合吊于天花上,起到反射扩张的生动效果。玻璃可采用白磨砂、绿磨砂、白镜、茶镜、花玻璃、彩玻璃等,反映了文化特色。磨砂玻璃简练、现代感强;白镜、茶镜既古朴又端庄;花玻璃(磨花)、彩玻璃常表现浓厚的浪漫特色和古典的欧洲文化。应注意:白镜、茶镜片应当磨斜边后贴饰,这样不会显得呆板;磨砂玻璃宜用木框镶饰。

　　▲悬拱式天花　悬拱式天花是用木骨架作成微拱形构架,外贴石膏板,悬吊于餐厅。悬拱式天花一般不宜作满顶悬拱,尤其是小房间餐厅,以免造成压抑感。悬拱式天花在拱的内侧宜做几条随拱形曲线变化的分割,其分割可做凹槽式,

▶ 设计 / 高宏杰

◀ 设计 / 吴志刚

▼ 设计 / 陈大卫

▼ 设计 / 陈大卫

也可外贴25mm宽的条形，以消除拱形的单一，拱边可设虚光，中间部分可吊灯，也可在中间开空槽，嵌玻璃，内设照明。

　　一隅式天花　　一隅式餐厅天花因其与客厅或过廊相连，不可独立成体，因而应兼顾其他空间特色。

　　▲天花墙面一体式　　把墙面的装饰特色延续到天花上，合为一体。可在延续部分的天花上做各种造型。这种形式常采用两柱式或三柱式，即在餐厅墙面用两根或三根木柱竖立，并延伸到天花中部。在靠墙的木柱间用玻璃板做隔板，用于陈设，也可以不同的材质、肌理装饰墙面，如贴壁纸、贴毛石、做钟乳石样的水泥石膏拉毛等，中间可挂饰品。天花则在木方间加石膏板、玻璃板并垂吊照明灯具。

　　还可采用板材立于墙面，并延伸到天花上。在天花板中开圆孔、方孔，内加虚光，虚实相映，活跃气氛。

　　▲单板垂吊式　　在餐桌位置上方对应部分，用一块下浮的板垂吊，形成天花。这种天花大小应对应餐桌就餐的位置大小而定。在垂吊下的板材上做各种形态的分割装饰，如在板中间做"十"字形开槽或"十"字形木线贴饰；在板间做

◀设计/李凯茜

▶设计/李严

◀设计/李严

▶设计/李严

◀设计/李波

14

三条等距离排列的凹槽或贴三条木线；在板间做"井"字形开槽或贴木线；在板间开两条或三条较宽一些的（一般300mm 宽）长形孔洞，内加灯光或外贴磨砂玻璃；在板间开圆孔并加虚光；在板边四角或十字对应部位镶嵌红木方块等。单板垂吊式天花最为适宜小居室、厅廊相通的房间，它生动、活泼、简单易行。

　　▲双板错叠式　与单板垂吊式相同，采用两块异形板材错叠垂吊。这种形式可采用多种自由形态的板材做大小错叠。如两块柳叶形板错叠，两块圆形板错叠，两块木方错叠，两块月牙板错叠等。可在两板上涂饰不同色彩，更为生动。

　　餐厅天花是家装中变化最为多样的空间形式。因为餐厅追求活泼、欢快、舒适的就餐气氛，以营造和谐的就餐环境，且不易受到其他空间的功能干扰，所以，常常是人们自我个性表达的地方。

　　●客厅天花

　　客厅天花要表现开敞、庄重、时尚、大方的特色，所以常常用以下两种形式表现，即四周围合式和单条板或双条板

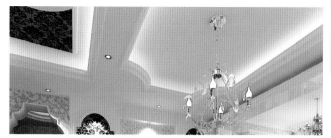

▶设计 / 李凯茜

◀设计 / 李严

▶设计 / 李严

◀设计 / 李严

▶设计 / 李严

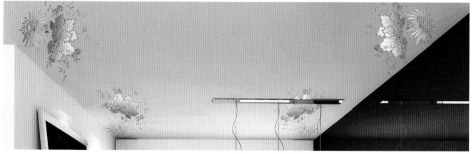

◀设计 / 李波

侧墙垂吊式。

　　四周围合式天花　在客厅四周吊一圈天花。它可做成两级或三级叠级吊顶，可做成石膏线围合的欧式，也可做成简单的内加虚光的现代式，可为正方形、长方形、海棠形等，在围合的天花中央配以各式吊灯。

　　单板或双板式天花　在客厅的电视台上方或沙发背景墙的上方，用一条宽 400~500mm 的长方形条板垂吊，在板上做各种装饰。如在板上横向等距开凹槽，以消除呆板；用三条红木方或木本色木方集中小距离排列，以点睛；把条板做成自由曲线形边缘，表现自由舒展的律动感；在条板间做等距的开孔，内嵌磨砂玻璃；在板间下浮两块或三块扁方箱，内加筒灯；在板中央嵌以一块较长的胡桃木板，用不同色彩、质感来表现生动；在板间等距离嵌磨砂玻璃或彩色花玻璃等。

　　●**卧室天花**

　　卧室天花，其形式大体与客厅相同。一般家装中常常采用简洁明了的形式，不作更多形式变化。只是豪华家装中，

◀ 设计 / 李凯茜

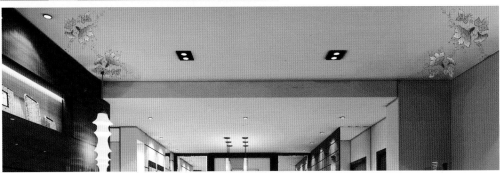

▶ 设计 / 李建

▲ 设计 / 李严

▲ 设计 / 李严

天花

◀ 设计 / 李严

▶ 设计 / 李博

家装细部

往往追求其华丽，而采用较为繁杂的形式。

● **天花色彩**

天花色彩是现代人追求个性、表现时尚的重要手段。

门厅天花色彩　门厅天花色彩要突出其温馨、亲切和明亮感。常常采用橙黄色表现温馨、华贵；采用淡黄色表现明快、轻松；采用浅藕荷色表现亲情、浪漫；采用浅蓝色表现清新、淡雅；采用白色或淡绿色玻璃顶表现庄重而严谨。门厅天花的色彩不宜大面积涂饰，只宜在上浮顶的天花中心处涂饰或一块下浮板上涂饰，用原有的白色底色来烘托，方显雅致。

餐厅天花色彩　餐厅天花色彩最为浪漫多样。因为餐厅要营造欢快自由而和谐的气氛，所以，其色彩也多为表现主人的爱好。以粉红、浅玫瑰红为主色的天花多表现浪漫、时尚和青年人的朝气；以土黄、中黄为主色，表现庄重、华丽，

▶设计 / 李凯茜

◀设计 / 李建

▶设计 / 李严

◀设计 / 李严

▶设计 / 李严

◀设计 / 李严

富有传统文化，如配以红木边饰，则更为突出其个性；浅黄色清秀、淡雅，富有时尚感；浅绿色表现自然，尤以配饰木材本色的边饰，更为朴实大方；用淡颜色玻璃装饰的天花，则表现时尚而清新，但彩色花玻璃则更多地表现欧陆风情；淡蓝色的天花，则大方、自然，但往往需要配以木本色、红木色以形成对比，显得生动。

客厅天花色彩　客厅天花色彩常常表现大方、庄重的效果。人们常习惯于在天花的上浮顶上涂以浅黄色，表现一种热烈而温情的感觉；追求稳重的、富有文化底蕴的人多喜用土黄、中黄、橙黄做天花中心的涂饰；年轻人常常把天花中心涂饰成浅蓝、浅绿，表现清新、淡雅、大方。用色彩表现的同时，还可用壁纸来表达。用壁纸的多色纷杂特点来表现客厅气氛，更显华贵和时尚，但不同色彩心理作用不同。要注意：壁纸花色不宜过于醒目、生硬，宜含蓄，且忌花色呆板。

卧室天花色彩　卧室天花色彩要追求温情、亲切。人们常常用暖色调涂饰。年轻人用浅粉色、浅玫瑰色、藕荷色来

◀设计 / 李严

▲设计 / 李建

▶设计 / 李严

◀设计 / 李严

▶设计 / 李严

表现浪漫温情，更表达卧室中的甜蜜；用浅黄色涂饰，会使卧室表现大方、亲切、自然；用土黄色、橙黄色表达凝重、沉稳和亲切感。需要注意，在用各种颜色涂饰天花后，其棚线、角线需用白色，用白色去协调、过渡天花与墙面色彩之间的关系，提高室内的明度。

● 几种不同天花形态的不同寓意

天花的不同形态，往往会引起人们许多联想，并反映人们对未来的某种企盼。这是中国千百年来形成的一种文化意识。

圆形天花　圆形象征完美、和谐、团结。圆形用于门厅天花，体现友好、亲切、吉祥，以期排除室外所带来的某些不吉利的因素，广为众人接受并应用。圆形用于客厅天花，表现家人和睦；圆形用于餐厅天花，表现家人互相关怀及和谐友好。

正方形、长方形天花　象征严谨、理性。正方形、长方形是人们生活中最为常用的形态，工艺简单，施工方便。用

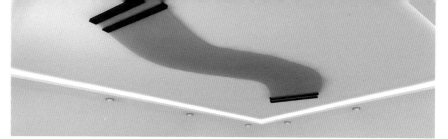

▶设计 / 李凯茜

◀设计 / 李严

▶设计 / 李严

设计 / 李凯茜

▶设计 / 李严

▼设计 / 李建

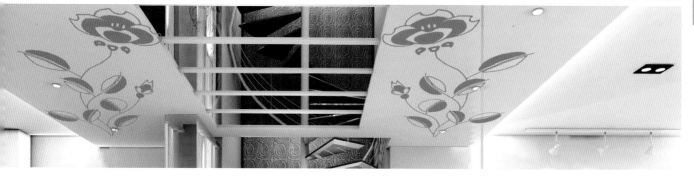

于门厅、客厅、餐厅天花装饰，表现一种开敞、大方、秩序的理性美。但这种天花有时会显得呆板，所以，常常在天花形态的边缘加设某种装饰，如在两边对应边上加两点、三点红木方或红木条作密排列，或在四角处加四个小正方形嵌于内角或贴于外角，或在四边边缘处用红木线做围合等。

　　六边形、八边形天花　这两种形态是民俗中流传下来的吉祥图案，表达对六六大顺、四平八稳的渴望，六边形、八边形尤其适合用于门厅、客厅天花装饰，把形态确定后要有意识地在形态边缘加红木条做边饰，用以强调形态的完整性、醒目性和象征性。在上浮叠级吊顶中用这两种形式，更应在图形上浮边的立边折角处，用红木条加以强化。这种装饰手法也在国家级大型会堂、宾馆、接待厅、宴会厅中广泛采用。

　　海棠形天花　海棠形源于传统文化中的常用吉祥寓意，即在正方形、长方形的四角做内弧角。这种形态直曲兼顾，平和面优美。海棠形天花常常被人们用于门、窗、家具、隔断等装饰中。在天花装饰中采用此形，要用细线条（可用白

◀ 设计 / 李严

▶ 设计 / 李严

◀ 设计 / 李严

▶ 设计 / 李严

▼ 设计 / 李建

色或红木条）做图形的围合，以强化图形所表达的吉祥、雅致。

　　月牙形天花　生动、活泼，民俗中常用于表现对理想的期待。由于月牙形不宜做较大空间的天花，所以常用于门厅、餐厅中，表达一种对美好生活的向往。

　　日初形天花　即大半圆形，表达一种蒸蒸日上、事业发达、家庭和睦的寓意。由于此形态丰富饱满，静中寓动，可单独成形，也可结合正方形、月牙形，适应面很广。如在客厅电视墙顶、餐桌顶棚、卧室床头顶棚，都可随意采用，并会取得非常好的装饰效果。在半圆形天花弧边处可加一组筒灯点缀，更为生动。

　　莲花形天花　这是民俗中的大吉图案，常用六边弧形构成。需要强调的是，此形天花的中心处应加设一个合适的圆形灯台，以表达莲花心，方才完美。此形用于客厅、卧室和较大的餐厅天花的装饰，方能呈现其美感。

◀ 设计 / 李严

▶ 设计 / 李严

◀ 设计 / 李严

▶ 设计 / 李严

▼ 设计 / 李建

■ 家庭装修

装修须知

● **家庭装修材料**

吊顶材料 PVC 吊顶型材、纸面石膏板、塑料扣板、铝扣板和塑料有机透光板等。

墙面材料 乳胶漆、墙纸、护墙板、木器饰面漆、陶瓷墙砖等。

地面材料 地板（实木地板、复合地板、实木复合地板）、地砖（通体砖、釉面砖、通体抛光砖、渗花砖、渗花抛光砖）、石材（大理石、花岗石、人造石、文化石）、地毯、地面涂料等。

门窗材料 塑钢门窗、铝合金门窗、木门窗、门窗套、壁橱门、隔断门、窗帘等。

橱柜材料 框架材料有各种实木板材、木夹板、刨花板、细木工板、密度板或金属框架；饰面材料有天然实木饰面

◀设计 / 毕秀丽

▶设计 / 毕秀丽

◀设计 / 毕秀丽

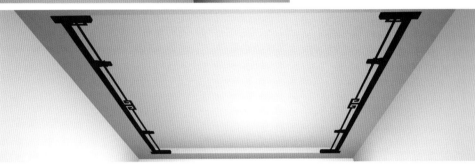

▶设计 / 刘浩

◀设计 / 姜琳

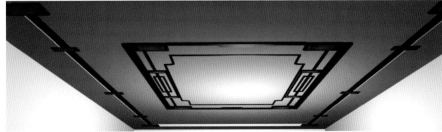

▶设计 / 刘桂

板、人造饰面板、金属合金面板等。

    卫浴材料 洁具、淋浴房、台盆、龙头、卫浴配件等。

    五金杂件 合页、锁具、拉手、导轨等。

    木作板材 实木板材、木夹板、刨花板、细木工板、密度板、饰面板等。

    管材管件 铝塑复合管、铜管、不锈钢管、PVC 管、PPR 管、铸铁管、其他管材、阀门、连接软管等。

    电工材料 电线、面板、开关、插座等。

●**家庭装修主要材料**

    PVC 吊顶型材 PVC 吊顶型材是近年来发展起来的吊顶新型装饰材料，它以 PVC 为原料，经加工成为企口式型材，具有重量轻、安装简便、防水、防潮、防虫蛀的特点，它表面的花色图案变化也非常多，并且耐污染、好清洗，有隔音、

JIAJUKONGJIAN XIBU SHEJI 家居空间细部设计

天花

22

家装细部

22

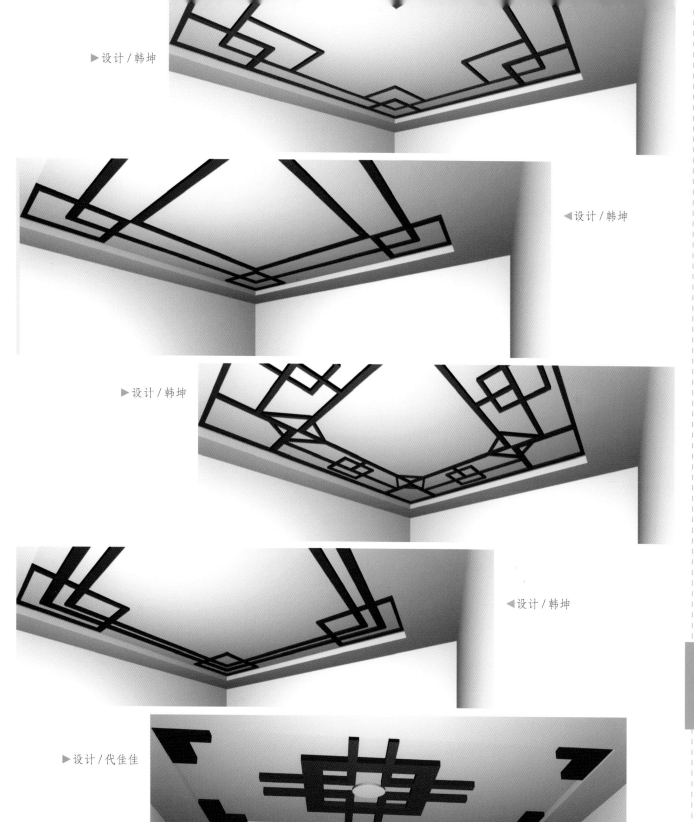

▶设计 / 韩坤

◀设计 / 韩坤

▶设计 / 韩坤

◀设计 / 韩坤

▶设计 / 代佳佳

隔热的良好性能，特别是新工艺中加入了阻燃材料，使其能离火即灭，使用更为安全。PVC吊顶型材是非常经济的吊顶材料，它成本低、装饰效果好，是卫生间、厨房、盥洗间、阳台等吊顶的主导材料。

选购要点：向经销商索要质量检查报告和产品检测合格证，产品各项性能指标应满足要求；目测外观质量板面应平整光滑，无裂纹，无磕碰；用手敲击板面声音清脆，弯折板材能感受到较大弹性；企口加工完整，能装拆自如，表面有光泽，无划痕；闻一闻板材，如带有强烈刺激性气味则对身体有害。

纸面石膏板 纸面石膏板是以建筑石膏为主要原料，掺入适量添加剂与纤维做板心，以特制的板纸为护面，经加工制成的板材。纸面石膏板具有重量轻、隔音、隔热、加工性能强、施工方法简便的特点。我国的石膏资源丰富，价格低廉，使得石膏板成为取代木材的重要材料，特别适宜家居装饰。纸面石膏板从性能上可以分为普通型、防火型、防水型三种，从其棱边形状上可分为矩形、45°倒角形、菱形、半圆形、圆柱形五种。

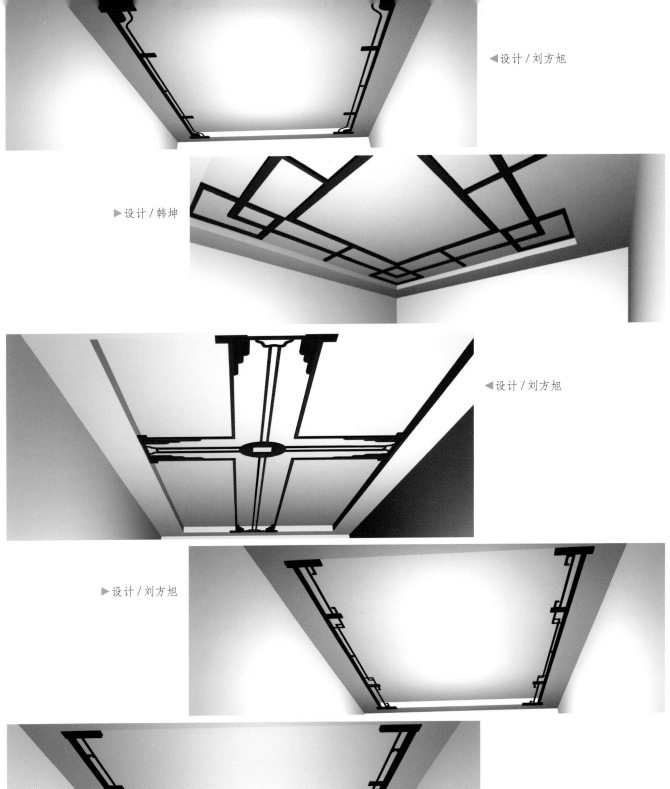

◀ 设计 / 刘方旭

▶ 设计 / 韩坤

◀ 设计 / 刘方旭

▶ 设计 / 刘方旭

◀ 设计 / 刘浩

天花

24

家装细部

24

　　纸面石膏板是吊顶工程最基本的中间材料，必须经过表面装饰后才能正式使用，所以石膏板的使用同木材板材的方法相同，可以通过锯、刨、钉等加工工艺，制成各种装饰作品的结构，再通过乳胶漆、壁纸、陶瓷墙砖（要用防水型石膏板）等做装饰，才能完成装饰工程。普通型的纸面石膏板价格在每张 25 元左右。

　　选购要点：纸面石膏板目测外观质量不得有波纹、沟槽、污痕和划伤等缺陷，护面纸与石膏心连接不得有裸露部分。检测石膏板尺寸，长度偏差不得超过 5mm，宽度偏差不得超过 4mm，厚度偏差不得超过 0.5mm，模型棱边深度偏差应在 0.6~2.5mm 之间，棱边宽度应在 40~80mm 之间，含水率小于 2.5%，9mm 厚板重量每平方米约为 9.5kg，断裂荷载纵向 392N、横向 167N。购买时应向经销商索要检测报告进行审验。

　　铝扣板　铝扣板适合在厨房、卫生间等容易脏污的地方使用，也可用在其他房间，是目前的主流产品。铝扣板不仅能防火防潮，还能防腐、抗静电、吸音隔音，可算是最好的吊顶材料。铝扣板分条形扣板、方形扣板、金属格栅等。

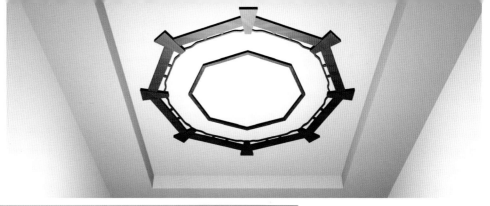

► 设计 / 王强

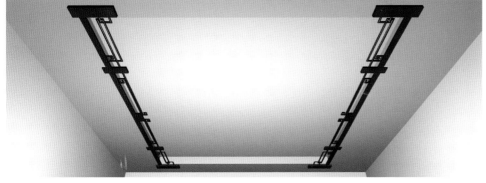

◄ 设计 / 王强

► 设计 / 陶瑾

◄ 设计 / 孙海涛

► 设计 / 陶瑾

铝扣板表面经过涂料加热固化处理，有丝光、丝面、镜面等不同光泽效果和各种色彩系列。国产铝扣板价格每平方米在50~60元。

　　选购要点：注意外观质量：表面网眼的形状大小是否均匀，排列是否整齐；表面喷塑后光泽度是否良好，厚度是否均匀；用手捏一下板子感觉一下，弹性和韧性是否良好。测量壁厚：行业标准（QB/T 2133—1995）规定，铝扣板的壁厚不低于0.7mm，特别是使用面，一般厂家的合格产品必须达到这个要求。查看锯口情况及板内表面的粗糙程度：质量好的铝扣板，强度及韧性都好，板面及内筋等部位在锯断时，不会出现崩口，且锯口平齐，无毛刺、裂纹等现象，内表面及内筋断面平滑，不会有明显的气泡。还可用手折：取一段铝扣板，用两手抓住横向、纵向折弯，如果是劣质板材，则很容易折断崩裂，而优质的板材，却不会出现这种情况，即使产生永久变形也不会折断或崩裂。这是检查铝扣板内在质量最简单有效的办法。

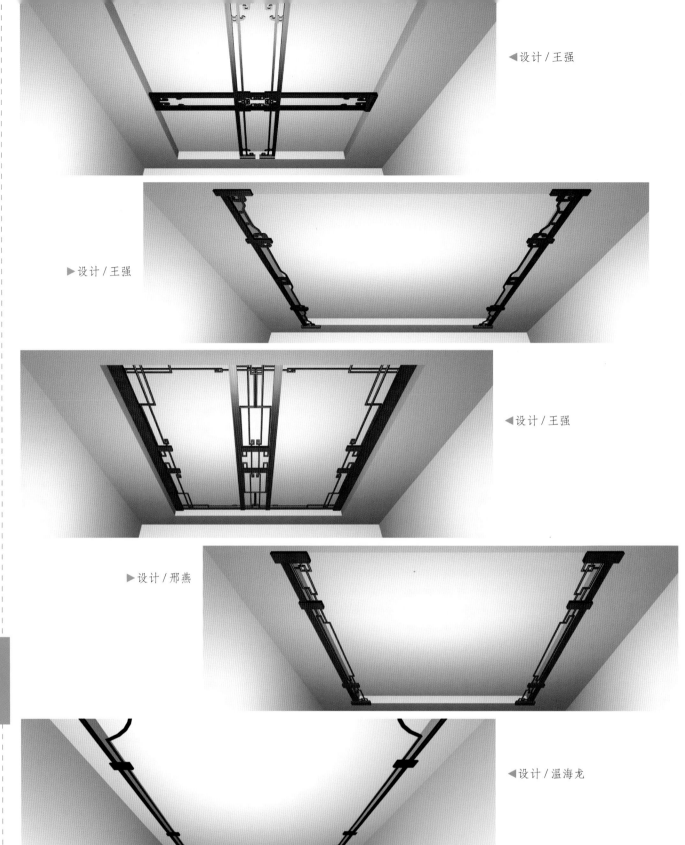

◀ 设计 / 王强

▶ 设计 / 王强

◀ 设计 / 王强

▶ 设计 / 邢燕

◀ 设计 / 温海龙

天花

塑料扣板 塑料扣板多用在厨房、卫生间、阳台天花以及阳台壁板，具有防潮、隔热、防腐等特点。

选购要点：塑料扣板除了按上面提到的验证铝扣板质量的方法外，还可以从以下两点去进行选购：其一，用指甲试划印花面。印花塑料扣板的印刷图案上面有一层光膜，起保护图案和花纹的作用，该光膜必须有一定硬度，才能耐摩擦。要检查光膜的硬度，可以用指甲在光膜面上来回试划，然后观察是否会留下划痕，若出现划痕，说明保护印刷图案的上光膜的硬度不好，使用中容易被划伤或碰花。其二，用胶带撕光膜面。将胶带沿塑料扣板长度方向均匀粘贴在其表面，板与胶带中尽量不留气泡，紧密贴合，然后将胶带迅速从板面撕下。若上光膜不被剥离，则说明塑料扣板表面附着力较好，使用中对印刷图案保护效果好；反之，则说明塑料扣板表面上光膜附着力较差，使用时，表面光膜容易剥落。

墙面乳胶漆 乳胶漆具备了与传统墙面涂料不同的众多优点，如易于涂刷、干燥迅速、漆膜耐水性好、耐擦洗性好等。此外，乳胶漆还具备了人们所关心的无污染、无毒、无味、无火灾隐患的优点，因此，成为越来越多家庭在装修时

▶ 设计 / 邢燕

◀ 设计 / 邢燕

▶ 设计 / 邢燕

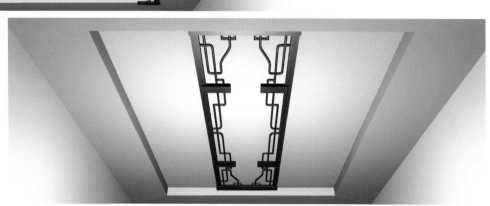

◀ 设计 / 邢燕

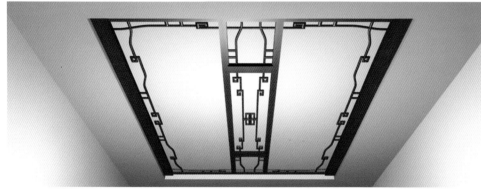

▶ 设计 / 邢燕

天花

的首选。乳胶漆有底漆和面漆之分，底漆的主要作用是填充墙面的毛细孔，防止墙体碱性物质渗出而侵害面漆，面漆起装饰和防护作用。乳胶漆按光泽度可以分为亮光、丝光、半光和平光（或亚光）等类型，光度依次减弱。

选购要点：正牌产品包装精细，包装桶上至少应标注以下事项：产品型号、名称、批号、标准号、重量、生产厂商及生产日期。在选购时先要看一下成分，优质涂料的成分是共聚树脂或纯丙烯酸树脂。购买乳胶漆时应注意生产日期，按产品标准规定，开封后乳胶漆的有效保质期为6个月。根据涂刷的部位不同，乳胶漆的选用也各有偏重，如卧室和客厅的墙面采用的乳胶漆要求附着力强，质感细腻，耐分化性和透气性好；厨房、浴室的乳胶漆应具有防水、防霉、耐洗刷的性能。优质乳胶漆，除应具有本企业的产品质量检验合格证外，还应具有国家化学建材产品检测中心的检测合格报告，这两种质量证书是产品进入工程的必备条件。

打开盖后，真正环保的乳胶漆应该是水性、无毒无味的，而劣质产品有酸、臭、刺激性气味或工业香精味。品质良

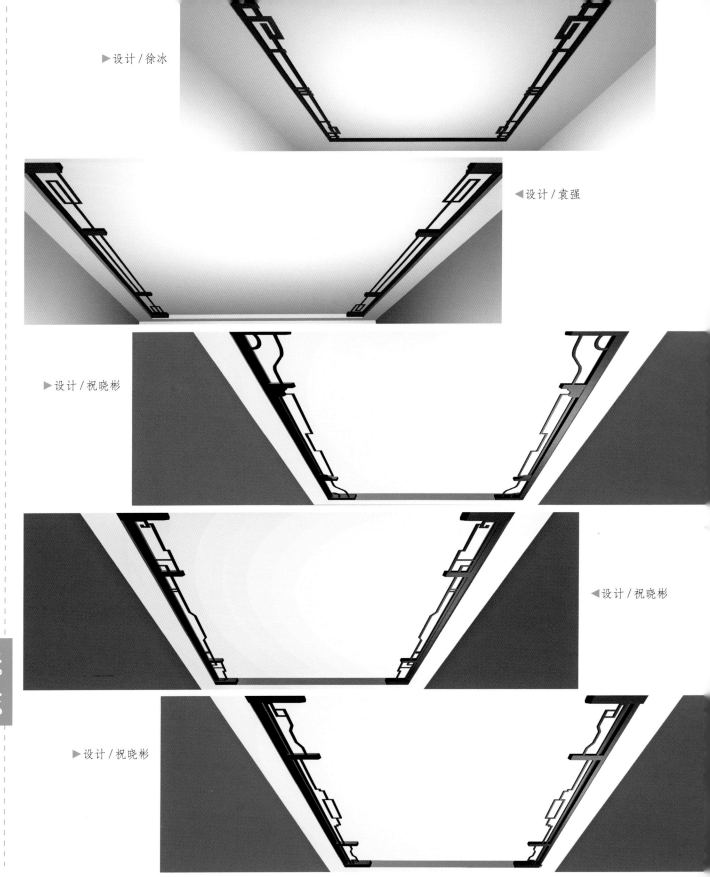

▶设计／徐冰

◀设计／袁强

▶设计／祝晓彬

天花

◀设计／祝晓彬

▶设计／祝晓彬

好的乳胶漆漆液稠厚，色泽鲜亮，无分层，无沉淀，无气泡，经搅拌后无硬块。漆面上若有淡黄色液体层属正常现象。劣质产品开装后，多沉淀，乳胶漆结成块状，不易搅拌。开装一段时间后，正品乳胶漆的表面会形成很厚的有弹性的氧化膜，不易裂，而次品只会形成一层很薄的膜，易碎，具有辛辣气味。用木棍将乳胶漆拌匀，再用木棍挑起来，优质乳胶漆往下流时会呈扇形。用手指摸，正品乳胶漆应该手感光滑、细腻。最后可将少许涂料刷到水泥墙上，涂层干后用湿抹布擦洗，正品的颜色光亮如新，真正的乳胶漆耐擦洗性很强，擦一两百次对涂层外观不会产生明显影响，而低档水溶性涂料只擦十几次即发生掉粉、露底的现象。

陶瓷墙砖 陶瓷墙砖的吸水率低，抗腐蚀、抗老化能力强，价格低廉，色彩丰富。特别是其特殊的耐湿、耐擦洗、耐候性，是其他材料所无法取代的。陶瓷墙砖适用于厨房、卫生间、阳台墙面。

陶瓷墙砖吸水率越低越好，吸水率高会产生许多弊病。吸水率高，会导致施工时瓷砖吸收水泥里的水分，因为水泥、

▶设计 / 李严

◀设计 / 李严

▶设计 / 李严

◀设计 / 李严

▶设计 / 李严

JIAJUKONGJIAN XIBU SHEJI 家居空间细部设计

天花

家装细部

29

沙子和水等是要按照一定的比例才能达到最好的效果,如果水泥里的水分被瓷砖吸走,一定程度上会导致水泥变性,黏结不牢。施工时瓷砖吸收水泥里的水分,这时瓷砖会吸水膨胀,而釉面不会膨胀,还会导致对釉面的影响。如果是在冬季,室内温度低,水结冰膨胀会冻裂瓷砖。吸水率高,会导致液体容易渗入,时间长了,厨房里的瓷砖难免要被酱油汁等渗入。

　　选购要点:用"眼观、耳听、手掂、水测、划痕"的方法进行选购。

　　眼观:好的瓷砖表面光滑,且无针孔。将几块瓷砖铺在地上进行比较时,好的瓷砖尺寸统一,其四边与平整面完全吻合,四个角均是直角,同一品种及同一型号的瓷砖色差极小。耳听:将两块砖用手指夹住后相互撞击,声音清脆响亮的为合格产品,声音沉闷的必然有内在的质量缺陷。也可用硬币轻击,声音越清脆,则瓷化程度越高,质量越好。手掂:质量好的瓷砖分量都比较重、比较实,这主要得益于原材料的选择和配比,越好的瓷砖在加工时机械的压力越大,所以分量也较重。水测:品质高的瓷砖,吸水率很低。若瓷砖没有注明吸水率,则可用茶水或墨水滴在瓷砖的背面,数分钟

▶设计／李严

◀设计／李严

▶设计／李严

◀设计／李严

天花

◀设计／李严

后观察水滴的扩散程度，差的瓷砖，水渍会迅速渗到正面去。划痕：以瓷砖的残片棱角互相划痕，察看破损的碎片断裂处是细密还是疏松，是硬、脆还是较软，是留下划痕还是散落粉末。如属前者即为质优，后者即为质差。

　　墙纸　墙纸主要由面层和底层复合而成。面层材料普遍采用PVC，也有植绒或纤维等其他材质的，底层大多采用进口纸张。墙纸的种类繁多，但用在家庭中的主要有以下几类：①全纸墙纸，也称作纸面纸基墙纸，即普通墙纸。这是应用最早的墙纸，价格比较便宜，主要有木纹图案、大理石图案、压花图案等。由于这种墙纸不耐潮，不耐水，不能擦洗，装饰后造成诸多不便，很容易被淘汰出局。②织物墙纸，这是墙纸家族中较高级的品种，主要用丝、毛、棉、麻等纤维为原料织成，具有色泽高雅、质地柔和的特性。它具有无味、无毒、透气、柔和、色泽鲜艳等特点。③塑料墙纸，这是目前生产最多也是销售得最多最快的一种墙纸，所用塑料绝大部分为聚氯乙烯，简称PVC塑料墙纸。塑料墙纸通常分为：普通墙纸、发泡墙纸等。普通墙纸用80g/m²的纸作基材，涂100g/m²左右的PVC糊状树脂，经印花、压花而成。发泡墙纸用100g/m²的

▶设计 / 李严

◀设计 / 李严

▶设计 / 李严

◀设计 / 李严

▶设计 / 李严

纸作基材，涂 300~400g/m² 掺有发泡剂的 PVC 糊状树脂，印花后再发泡而成。发泡墙纸比普通墙纸显得厚实、松软，其中高发泡墙纸表面呈富有弹性的凹凸状，低发泡墙纸是在发泡平面上印有花纹图案，形如浮雕、木纹、瓷砖等效果。

选购要点：在作决定之前，务必先取一块墙纸在家中墙壁上试一试，试验的样品面积越大越好，这样容易看出贴好后的效果；墙纸每卷或每箱上应注明生产厂名、商标、产品名称、规格尺寸、等级、生产日期、批号、可拭性或可洗性符号等；注意底纸的遮盖力、耐磨度和色牢度、抗胀性、缩水率等性能指标；墙纸应无异味；看单位面积的图案是否均匀，配色是否逼真，套色是否精确；选材时注意，墙纸尽管是同一编号，但由于生产日期不同，颜色上便有可能出现细微差异，要注意颜色是否一致；建议多买一卷额外的墙纸，以防发生错误或将来需要修补时用；墙纸运输时应防重压或碰撞及日晒雨淋，轻装轻放，严禁从高处扔下。

实木地板 实木地板无污染、柔韧、自然感强，缺点是容易翘曲。

▶设计 / 李志

◀设计 / 李志

▶设计 / 李志

◀设计 / 李志

天花

▶设计 / 李严

32

选购要点：①尺寸大小：尺寸越小，抗变形能力越强。②含水率：含水率太高，铺设完成后木地板会逐渐缩水，易开裂；含水率太低，会使木地板从空气中吸收水分引起膨胀和翘曲。因此，所购木地板含水率必须与当地的平衡含水率一致。按照国家规定，含水率8%~12%为合格，在南方应该高些，北方低些。③加工精度：用10块地板在平地上拼装，以手摸、眼看的方式判断其加工质量，是否平整、光滑，榫槽配合、安装缝隙、抗变形槽等是否符合拼装要求。④基材质量：检查地板等级，是否有虫眼、开裂、腐朽、死节等木板缺陷。对于小活节、色差不能过于苛求，这是木材的天然属性，至于木材的自然纹理，绝大多数是弦切面，少部分是径切面，如果都要同一种切面，在实木地板中较难达到。⑤油漆质量：漆板表面的漆膜是否均匀、丰满、光洁，无漏漆、鼓泡、孔眼，其中最主要的是耐磨度，建议选购UV光固化涂料，简称UV漆板，其耐磨、耐烫灼等性能都优于其他涂饰工艺，用烟头烫灼20s不会留下痕迹。⑥铺设：铺设是关键。最好由所购买品牌地板的铺装人员进行铺设，尽可能亲临现场监理，免得出现问题时分不清是地板质量问题还是

32

►设计/李志

◄设计/李志

►设计/李志

◄设计/梁艳

►设计/刘国鹏

施工质量问题。如果非要自己请人铺设，应在铺设前验收地板的数量和质量。

复合地板　复合地板不易翘曲变形，但柔韧性、舒适性比实木地板稍差。

选购要点：首先仔细观察面层，好的产品应当坚韧耐磨，木纹仿真性强，并且对着光线看能感觉立体感明显；防潮是地板长寿的关键之一，选择有防水背板的产品要比只在背面进行防潮喷涂的产品好；观看地板的中间层，复合地板中间结构有采用中密度板或高密度板材料的区别，高密度板结构的中间层感觉厚重密实，质量优于中密度板层；注意地板吸水膨胀性，它是影响地板铺装效果，引起翘曲变形，影响使用寿命的关键；注意向商家了解地板的环保性能，地板中有害物甲醛释放量越低越好；注意产品包装的完整性和产地、商标标志。

竹地板

竹青地板：竹地板是近年来在国际市场较为流行的一种理想的地面装饰材料，而且现在各种竹地板新产品相继问世。

▶设计 / 刘国鹏

◀设计 / 刘芳旭

▶设计 / 刘国鹏

◀设计 / 刘国鹏

▶设计 / 刘国鹏

◀设计 / 刘国鹏

◀设计 / 刘国鹏

　　竹青地板巧妙而又成功地保留了天然竹青弧面作为外观面，除有一般竹地板的优点外，竹青地板外面的竹青外观面硬度高、耐磨、光洁度好，天然色泽美观，最能充分展现竹材的天然特质。让人联想到翠绿的竹林，有回归大自然的感觉。

　　竹青地板的外观面有微小的起伏（天然竹为圆筒形薄壁材料，加工成板块，必然带有这种微小的起伏），这就在无形中打破了平面板呆板的感觉。弧面对光照反射而形成的立体感，越发增添了竹地板所带来的天然情趣。

　　竹青地板冬暖夏凉，特别是在夏天，用竹青地板铺装的地面会格外使人感到凉爽舒适。竹青地板可以拼装成各种典雅华丽的图案，以其独特的艺术效果和良好的实用性，受到了广大消费者的青睐，为居室地面装饰提供了全新的材料，也充分展现了天然竹材的自然神韵。

　　竹拼地板：在竹地板中还有一种竹拼地板，它以楠竹为主要原料，经过防腐、高压、喷漆等技术处理，一次成形，它既具有天然大理石的质感，又有毛质地毯的高雅，是一种较为理想的地面装饰材料。

◀设计 / 刘国鹏

▶设计 / 刘国鹏

◀设计 / 刘国鹏

▶设计 / 刘国鹏

◀设计 / 刘国鹏

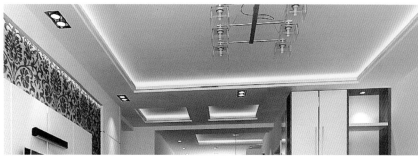

▶设计 / 刘国鹏

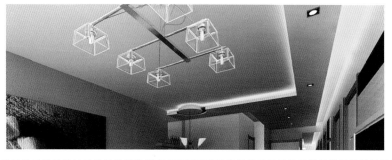

　　竹拼地板问世后，在市场逐渐走红，其主要原因是竹拼地板色泽清晰、柔和，格调温馨、高雅，结构新颖、别致，并且耐磨、耐腐蚀，富有弹性。从南方传至北方的竹拼地板，目前在全国装修市场上很"火"。其原因在于木质地板的防潮、防腐能力都比不上竹拼地板，而且竹地板又不发霉、不长虫、不易变形，有光泽，色彩美观、温和，光亮均匀，更主要的是它硬度强，有韧性。由于竹拼地板有这些优点，所以很快就被南方消费者青睐。北方人在使用地板砖装饰地面后，发现它硬而不保温，缺乏温馨感，没有弹性，所以就将目光慢慢地转向物美价廉的竹拼地板了。

　　竹地板不仅美化了人们的生活，还解决了目前全球木材紧缺的问题，随着崇尚自然、返璞归真的潮流兴起，消费者对这种新型的地面装饰产品定会投以更多的关切和青睐，竹地板完全可望成为地饰材料中的"王牌"。

　　陶瓷地砖　陶瓷地砖是目前家庭地面装饰使用率较高的材料之一。陶瓷地砖的优点是：花色多、质地坚硬，价格适中，防火防水，不吸尘，易擦洗。该砖是用陶土、瓷土等非矿物质烧制而成，所以质地坚硬，再加上装饰釉面多有"滑"

◀设计/刘国鹏

▶设计/南一凡

◀设计/刘国鹏

▶设计/刘国鹏

◀设计/南一凡

天花

36

的特性,对于有老年人和幼儿的家庭来说,选用陶瓷地面要谨防滑倒。

　　地砖与墙砖的区别:墙砖和地砖都统称为瓷砖,但它们的物理特性不同,从选土配料到烧制工艺都有很大区别,墙面砖吸水率大概10%,比吸水率只有1%的地砖要高出数倍。卫生间和厨房的地面应铺设吸水率低的地砖,因为地面会经常用大量的清水洗刷,选择吸水率低的瓷砖才能不受水汽的影响、不吸纳污渍。墙砖是釉面陶制的,含水率比较高,它的背面一般比较粗糙,这也有利于用黏合剂把它贴上墙。地砖不易在墙上贴牢固,墙砖用在地面会吸水太多而变得不易清洁,可见墙砖、地砖不能混用。

　　选购要点:选购地砖,要注意其吸水率,品质高的地砖吸水率很低。吸水率较高的地砖经热胀冷缩后便会导致瓷砖表面龟裂及整块地砖剥落,如果当地四季分明又潮湿,更需注意此问题。没上釉的地砖,一般不宜铺在潮湿而密闭的环境,因为如果砖块上的气孔吸水汽而无法发散,会导致真菌出现。要注意砖面是否平整,是否出现粗细不均的针孔,并

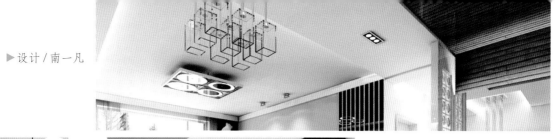

▶设计/南一凡

◀设计/南一凡

▶设计/南一凡

◀设计/南一凡

▶设计/恒艺装饰

可敲击瓷砖倾听声音是否清脆，声音越脆，即表示瓷砖的密度高，密度越高，硬度越佳。还可试以硬物划擦砖表面，若出现划痕，则表示施釉不足，表面的釉磨光后，砖面便容易脏污，较难清理。要进行色差的判别。由于地砖一次购买的数量较大，多个包装之间如有明显色差，装修效果就很受影响，要对所有包装的产品抽样对比，观察色差的变化，色差大的一般不能选用。要对规格尺寸进行逐一检验，尺寸误差大于0.5mm，平整度误差大于0.1mm的产品，不仅会增加施工的难度，同时装修后的效果也差，不应选用。

　　石材地板　目前主要使用的地面石材是大理石和花岗石。大理石矿物成分简单，易加工，多数质地细腻，镜面效果较好。其缺点是质地较花岗石软，被硬重物体撞击时易受损伤，浅色者易被污染。铺地大理石尽量选择单色，选择台面时有条纹的饰面效果好。其他选择方法大同小异。

　　选购要点：为减少铺设时的损耗，石板的规格应根据房间净宽度决定，要尽量在房间净宽范围内不出现非整板。例

家装细部

◀设计／南一凡

▶设计／南一凡

◀设计／南一凡

▶设计／南一凡

◀设计／南一凡

如：房间净宽为 3060mm，则宜选用 500mm 的，在房间净宽范围内正好铺设 6 块，余 60mm 作为灰缝；逐块测量尺寸规格是否合格，以免影响拼接或造成拼接后的图案、花纹、线条变形，影响装饰效果；一般说来，均匀的细料结构的石板具有细腻的质感，粗粒结构及颗粒不均匀的石板其外观效果较差，机械力学性能也不均匀，质量稍差；有些石板会有一些细微裂隙，最易沿这些部位破裂，应注意剔除；缺棱少角更是影响美观，选择时尤应注意。轻轻敲击石板，质量好的、内部致密均匀且无细微裂隙的石板敲击声清脆悦耳；反之，敲击声沉闷。在其背面滴上一小滴墨水，若墨水很快四处分散浸开，即表示石板内部颗粒较松或存在细微裂隙，石板质量不好；反之，如墨水滴在原处不动，则说明石板致密、质地好。石板最好在室内贮存，室外储存时应加遮盖，铺设前再打开包装箱。

● 装修时不该省的材料

有许多工薪阶层家庭在装修中尽量节省开支，但有时没省到点子上，反而为日后增添了不少的麻烦。所以，有关专

▶设计 / 南一凡

◀设计 / 南一凡

▶设计 / 南一凡

◀设计 / 南一凡

▶设计 / 南一凡

家提醒消费者，下列三个方面千万省不得。

　　地板砖　为了节省，许多工薪阶层舍不得花钱购买上乘的地板砖，事实上，这是一大误区。地板砖是易磨损物件，如果太便宜，则不耐磨，时间一长易出现质量问题，这时，再来补救就难了。此外，太便宜的地板砖不防滑，容易造成意外伤害事故，到头来得不偿失。所以在购买地板砖时，不应图便宜，起码要买中档的。

　　电线、水管　在装修中，电线、水管也是一项必要的开支。一些工薪阶层在这项必要的开支中，也有了节省的想法，往往是只关注价格，而不太关注质量，这是一个重大的失误。电线、水管如果质量不达标，装修后将会带来极大的安全隐患，所以即便是对工薪阶层而言，在购买电线和水管时，都不能降低标准，而应该购买高质量的电线、水管。

　　电源插头　本着省钱的想法，许多工薪家庭在家装时，从小处省钱。他们在考虑目前家用电器的同时，尽量节省安装电源插头的数量，这种做法是错误的。随着电气化的发展，家用电器越来越多，一旦有了新电器却没有插座时，要想

◀设计/南一凡

▶设计/南一凡

◀设计/李严

▶设计/李严

◀设计/刘国鹏

天花

40

再安装就难了。如果插头少，几个电器一起用，容易发生事故。正确的做法，应该根据住房面积，按照专业电气的标准结合家庭实际电器量，合理安装电源插头，并留出一些待用以利扩容。

小博士

●家装材料用量计算

　　无论是自己采购，还是委托装修公司采购，对材料用量心中要有数，这样才不至于花冤枉钱。可以参考下面的计算公式估算各种材料的使用数量。在购买材料时，除了必要的损耗，一定要记得比自己估算的用量再多买一些，例如，地砖、木板、PVC吊顶多买两块，其他材料留些边角料。因为不同批次的装修材料很可能有色差，如果不多准备一些，今后修补不方便，而且万一日后因为材料质量而产生纠纷，这些看似多余的材料是我们最好的证据。

　　装饰块料用量计算　装饰块料（墙地砖、大理石、花岗石、彩色水磨石板等）有许多规格，灰缝宽度一般为

▶ 设计 / 南一凡

◀ 设计 / 南一凡

▶ 设计 / 南一凡

◀ 设计 / 南一凡

▶ 设计 / 南一凡

天花

1~2mm，通常可以忽略不计。切截损耗、搬运损耗控制在 1% 左右。在计算中遇到复杂形状可按展开面积计算。例如，选用釉面砖规格为 152mm×152mm，灰缝宽度为 1.5mm，其损耗率为 1%，100m² 需用块数为：

100m² 用量（块）= {100 / [（块长＋灰缝）×（块宽＋灰缝）]} × (1＋损耗率)

= {100 / [（0.152＋0.0015）×（0.152＋0.0015)]} × 1.01 = 4286（块）

　　地板砖用量计算　　地板砖的尺寸不一样，每铺 1m² 的地面所需地板砖块数也不一样。以 305mm×305mm 大小的地板砖为例，每平方米为 12 块左右，再乘以房间的平方米数，即为用料块数，再加 5% 的损耗，即为需要购买的块数。

　　墙纸用量计算　　不同的施工方法，墙纸的损耗率也有不同。墙纸拼缝的损耗率为 15%，墙纸搭缝的损耗率为 20%。为此，墙纸（拼缝）100m² 用量 = 100×1.15=115(m²)

　　墙纸（搭缝）100m² 用量 = 100×1.20=120(m²)　　注意：计算结果取整数，宁多毋少。

家装细部

▶设计 / 南一凡

◀设计 / 南一凡

▶设计 / 南一凡

天
花

◀设计 / 史媛媛

42

　　墙布用量计算　以挂镜线为界，从挂镜线以下的墙面量起，量到踢脚线为止，再除去门帘等，就是墙布实贴部位。墙布下料时再放长 10～20cm，作为拼贴对花时的损耗。

　　油漆、涂料用量计算　计算油漆、涂料用量，应首先计算涂刷面积，再根据使用说明书查到这种油漆、涂料的遮盖力（g/m²），两者相乘，再除以 1000，即得出涂刷一遍的用量。其计算公式如下：

　　油漆、涂料用量 = 涂刷面积×遮盖力×0.001(kg)　注意：油漆一定要留些余量，供以后修补用。

　　地毯块用量计算　用一张白纸，把房间的面积缩小若干倍，画在纸上，按照每块地毯的尺寸，用方格形式画到房间面积的图纸上，计算出一个房间共需多少块。隔色或者镶边的，可在方格上标上颜色，每种颜色要几块就清楚了。

　　吊顶板用量计算　吊顶板的用量与普通块材计算方法一样，损耗率1%。因此：

　　吊顶板 100m² 用量（块）=100×（1+1%）/ 规格

▶设计 / 史媛媛

◀设计 / 史媛媛

▶设计 / 邱雨冰

◀设计 / 史媛媛

◀设计 / 史媛媛

▶设计 / 史媛媛

　　也可以净尺寸面积直接计算出吊顶板的用量。例如，PVC 塑胶板长为 2.4m，宽为 0.24m；天棚长为 4.5m，宽为 3m，用量如下：PVC 板用量 = [(3×4.5)÷(2.4×0.24)]×1.01=24 （块）

　　木质材料用量计算　夹心板、纸面石膏板、防火板的标准规格是 2.44m×1.22m（为 2.97m²）一张，施工所用的张数，是应用这些材料地方的展开面积，再加 8%～12% 的损耗量，再除以标准板的面积得出的。

　　木龙骨架用量计算　吊顶木龙骨架通常是方格结构，方格单体的常用尺寸为 250mm×250mm，300mm×300mm，400mm×400mm。核算这三种尺寸木龙骨架时，分别可按每平方米木龙骨用木方条 11.5m、8m、7m 取值。然后以此值乘以吊顶面积数，即得吊顶木方条总长度。

　　石材、墙砖、地砖用量计算　定制石材是指施工人员在现场将实际尺寸画好，请石料加工厂商现场复核尺寸，回厂加工好以后运回现场铺装，一般不计损耗，按实际结算。现场加工石板是用展开面积来计算。每种规格的总面积计算出

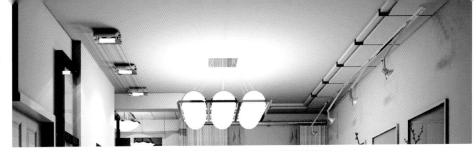

◀设计 / 史媛媛

▶设计 / 史媛媛

◀设计 / 史媛媛

天花

▶设计 / 史媛媛

来后，再分别除以规格尺寸，即可得到各种规格板材的数量（单位是块）。一般需加上 1% ~ 2% 的损耗量。

铺地面石板材所需的水泥和沙子，通常需普通水泥 15kg/m²，需中沙 0.05m³/m²。

墙砖、地砖品种规格较多，瓷墙砖一般有正方形、长方形两种，瓷地砖一般只有正方形一种。计算用砖位置的面积，除以一块标准规格瓷砖的面积，即得所需的片数，再加上 3% 左右的损耗。铺墙面瓷砖所需材料用量是水泥 12kg/m²、中沙 0.04m³/m²、胶水 0.4kg/m²，铺地面瓷砖所需材料用量是水泥 12.5kg/m²、中沙 0.05m³/m²。多余的瓷砖不要浸水，因为浸过水的瓷砖商家是不给退货的。

装修现场制作家具材料用量计算　在家居装修中，现场制作的家具是很多的，双面封夹板的传统木质柜类多为框架式，在估算其材料用量时，按其外形尺寸先计算框架木料用量，再根据外形尺寸和内隔板数量来计算夹板的用量，再加上 5% ~ 8% 的损耗量，即得到柜子所用夹板的面积。目前装修市场上大多数使用大芯板（细木工板）制作家具，计算大

▶设计 / 史媛媛

◀设计 / 史媛媛

▶设计 / 史媛媛

◀设计 / 史媛媛

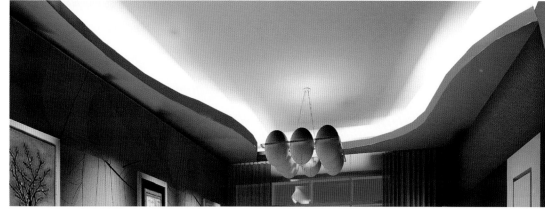

▶设计 / 史媛媛

芯板的面积总量，一般先计算出柜体正面面积，然后以柜体内有分隔板的空间为一个单元，计算此单元门板面积、侧板面积、隔板面积，累计相加，再增加 6% ~ 12% 的损耗，最后除以每张大芯板的面积（约 2.97m²），就得到大芯板（细木工板）的张数。柜类表面常粘贴各种饰面夹板（如水曲柳、柚木、橡木、榉木、枫木、防火板等），计算柜子饰面面积，应该增加 8% ~ 12% 的损耗量。柜类设施常用成品木线条，除计算时要分清楚各种线条的规格和使用位置，还应加上20% 的损耗量。家具制作中所需要的胶黏剂主要有白乳胶、万能胶、309 胶等，用量一般在 0.1 ~ 0.26kg/m²。

专家支招

●地热采暖应选用复合地板

有地热系统的房间应选择复合地板　对安装地热系统的房间，建议选择复合地板，因为复合地板的厚度在 7 ~ 8mm，很容易将地热系统的热量传导至表面。复合地板的表面为金属氧化物的耐磨层，热量在地表扩散得快而且均匀。而实木

◀设计/宋光

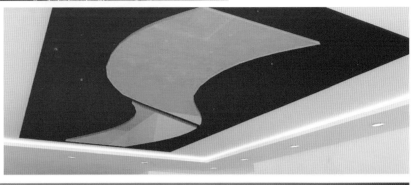

▶设计/李凯茜

▼设计/史媛媛

◀设计/孙鹏飞

▶设计/王志伟

地板比较厚，一般厚度在2cm左右，安装时还要打龙骨，所以地热系统的热量不易传导到地表，而且木材的热传导系数非常低，这样会导致热量的浪费，也会使地表温度不均匀，温差非常明显。

地热系统对复合地板的影响　长期加热不会对复合地板产生影响。复合地板是经过高温压制的，内部水分含量非常少，所以不会因水分的散失而变形。况且，地热系统的地表温度一般在30℃以下，使室内温度达到25℃左右，这个温度与夏天的室内温度几乎没有多大区别，所以加热对于复合地板，并不构成影响。

地板加热不会使甲醛释放量增加　在国际标准中，复合地板中的甲醛释放标准是非常严格的，绝对符合环保要求，而且其指标远远低于诸如夹心板等常用的大宗建筑装饰材料。地热系统温度变化并没有超出室内正常温度的变化范围，所以不会增加复合地板的甲醛释放量。

复合地板开裂　这主要还是安装质量的问题，中密度板核心层的复合地板，在安装过程中经常会出现打胶水不饱满

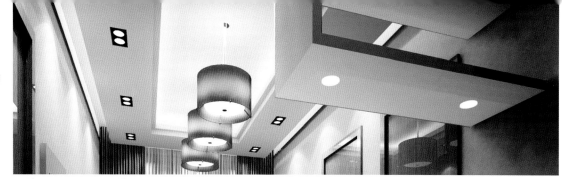

▶ 设计 / 新大华装饰

◀ 设计 / 宋光

▶ 设计 / 孙鹏飞

◀ 设计 / 郑威

▶ 设计 / 王佳如

的现象，致使地板楔口结合强度不高，随着环境温度变化，地板收缩膨胀时，地板彼此之间拉开缝隙。

　　地板加热后面层不会起泡　地板面层起泡，主要是地板本身的质量问题，也就是地板在面层压制过程中，温度不够或胶水喷洒不均匀都会造成此现象，而地热系统的热量并不能使在高温高压的条件下压合的面层与核心层分离。

　　怎样铺设复合地板　在地热系统安装地板过程中，监督安装工人一定不要在地面上钻眼打钉子，以免打漏地热管线，使地热系统跑水而造成地板泡水报废。在使用过程中，第一次加热时，要分两次逐渐升高地面温度，使地板适应温度的变化，要避免突然加热。

　　● **保温墙开裂装饰补救**

　　带保温层的新型保温墙体在装修中，容易出现乳胶漆开裂的问题。这种开裂是由于墙体的水泥出现裂缝，或墙体保温板的接缝开裂而造成的，并不是装修的质量问题，这是建筑上无法克服的缺陷。

▶设计/杨松海

◀设计/杨松海

▶设计/张蕾

◀设计/杨大为

▼设计/新大华装饰

用装修来弥补建筑缺陷——装修公司的技术人员想出很多办法来对付保温墙缝，可以根据家庭的实际情况和装修预算来选择：

在将墙面基底处理干净后，先在墙面上贴上一层的确良布、牛皮纸或报纸，利用纤维的张力，来保证乳胶漆漆膜的完整。

上述办法比较简单易行，效果一般。

将墙表面的保温板去掉或将水泥墙面除去，在保温层外面先安装石膏板或五层板，再在上面涂乳胶漆。这种做法可以将不规则的裂纹部去除，裂缝的地方一般就是板材之间的接缝，比较好处理，但造价较高，施工难度大。

采用带有弹性的装饰材料。在墙面基底处理上，有一种"弹性腻"可在一定程度上修补墙壁的裂缝，立邦漆的"三合一"也能起到弥盖墙面细小裂纹的作用，但这些材料本身弹性较小，在裂缝很严重的墙面上就不起作用了。

►设计 / 杨松海

◄设计 / 郑威

►设计 / 宋光

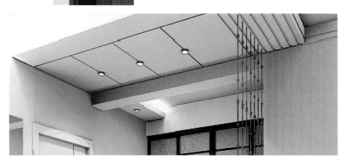

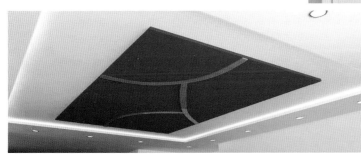

◄设计 / 李凯茜

►设计 / 新大华装饰

天花

家装细部

装修常识

●安全施工

结构安全　楼房地面不要全部铺装大理石。大理石比地板砖和木地板的重量要高出几十倍，如果地面全部铺装大理石就有可能使楼板不堪重负，特别是二层以上。

不得随意在承重墙或共有部位隔断墙上穿洞、剔槽，拆除连接阳台和门窗的墙体以及扩大原有门窗尺寸或者另建门窗，这种做法会造成楼房局部裂缝，且严重影响抗震能力，从而缩短楼房的使用寿命。为了美观，管线往往被埋入墙内。人们在凿墙开槽时，如遇上钢筋，常常会切断，有的施工队甚至在整个房屋的圈梁下凿槽埋设管线，这样会严重破坏了房屋承重结构。阳台、卫生间的装修应尽量选用荷载小的材料，因为阳台是悬挑结构，过度超载会发生倾覆。施工中要注意避免在混凝土圆孔板上凿洞、打眼、吊挂顶棚以及安装艺术照明灯具。

◀设计 / 郑威

▶设计 / 郑威

◀设计 / 郑威

▶设计 / 郑威

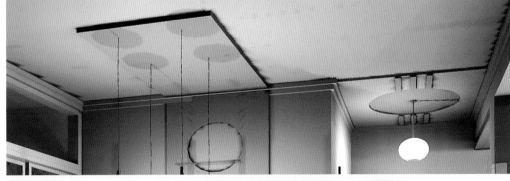

◀设计 / 郑威

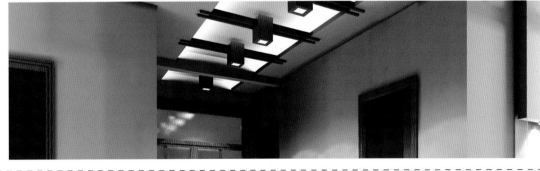

防水要求 卫生间防水也是装修中一个关键环节。一般在装修卫生间前，先堵住地漏，放 5cm 以上的水，进行淋水试验，如果漏水，必须重做防水；如果不漏的话，也要在施工中小心铺设地面，不要破坏防水层和擅自改动上下水及暖气系统。不得把没有防水要求的房间改为厨房和卫生间，不得随意变动下水口的位置。

用电安全 选择电线时要用铜线，忌用铝线。由于铝线的导电性能差，使用中电线容易发热、接头松动甚至引发火灾。另外，在施工中还应注意不能直接在墙壁上挖槽埋电线，应采用正规的套管安装，以避免漏电和引发火灾。如在地板下铺设管线，应尽可能减少或避免管线的连接接头，因为管线接头处不密封或接触不良会引起漏电，易发生火灾。

所有电路改线，应明确改动前和改动后的位置、走向，并妥善保存水电竣工图，以免施工中发生意外。

燃气安全 要保证煤气管道和设备的安全要求，不要擅自拆改管线，以免影响系统的正常运行。另外，要注意电气

►设计 / 李志

◄设计 / 郑威

►设计 / 周侗

▲设计 / 郑威

◄设计 / 周侗

管线及设备与煤气管线水平净距不得小于 10cm，电线与煤气管交叉净距不小于 3cm。厨房装修中不要把煤气灶放置在木制地柜上，更不能将煤气总阀门包在木制地柜中。一旦地柜着火，煤气总阀在火中就难以关闭，其后果将不堪设想。

　　《城市燃气管理办法》第 29 条规定："禁止私自拆卸、安装、改装燃气计量器具和燃气设施等。"建设部第 73 号令《燃气燃烧器具安装维修管理规定》第 15 条规定："燃气燃烧器具的安装、改装、迁移或者拆除，应当由持有资质证书的燃气燃烧器具安装企业进行。"燃气管道尽量不要改动，如果确实需要改动，应向供气单位提出申请，由供气单位现场勘测并提出意见，能够改动的，供气单位出具施工方案，并由专业人员进行操作。施工人员应具有专业资质。另外，家中更换灶具也应由专业人员来安装。

　　水暖安全　拆改暖气、上下水管道应向房管部门申请。装修中乱拆乱改暖气有很多弊端，原来设计好的暖气被改动后，压力将发生变化，热平衡打破后，供热发生失调，造成楼中各户热的很热，冷的很冷。改动后的暖气，很难保证不漏水。

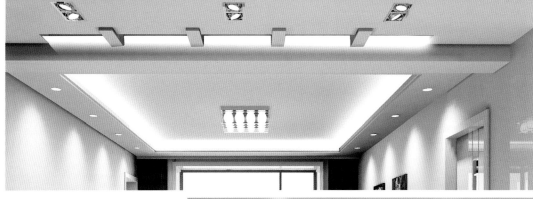

◀ 设计 / 周丽楠

▶ 设计 / 周丽楠

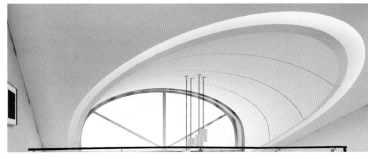

◀ 设计 / 周丽楠

▶ 设计 / 周丽楠

◀ 设计 / 周丽楠

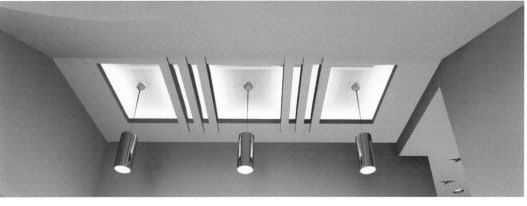

　　居室中的燃气、暖气、上下水管道的改装应全是由专业施工人员进行。在安装完后要经过试压、试水，一般的家装公司很难做到这一点，所以，为了安全起见，能不改动尽量不改动。上下水管道的改动往往出现漏水和水质污染的问题，这两个问题的出现都与材料使用不当有关。如果热上水管所用的密封材料耐热性能差，一段时间后封闭性能就会降低，影响密封效果。更换的管道如果是镀锌管甚至普通的铁管，则会污染水质。

　　防火安全　不得大量使用易燃材料，某些材料在失火后会大量释放毒气和浓烟，不利于逃生，而且四壁贴满板材，占据空间较大，会缩小整个空间的面积，花费也较高，吊顶过低也会使整个房间产生压抑感。施工中不得堵塞消防通道或破坏消防设施。

　　防盗安全　在所有窗口已经安装防盗窗的情况下，门锁的选用要仔细斟酌，一般来说，大门要选用难进易出的锁具。在发生突发事件时，例如夜间失火或下班回家刚带上门就发现盗贼的时候，是很难找到钥匙夺门而出的。

附赠光盘图片索引

001 002 003 004 005 006 007 008 009
010 011 012 013 014 015 016 017 018
019 020 021 022 023 024 025 026 027
028 029 030 031 032 033 034 035 036
037 038 039 040 041 042 043 044 045
046 047 048 049 050 051 052 053 054
055 056 057 058 059 060 061 062 063
064 065 066 067 068 069 070 071 072
073 074 075 076 077 078 079 080 081
082 083 084 085 086 087 088 089 090
091 092 093 094 095 096 097 098 099

●雨季装修

雨季历来是装修的淡季。降雨量大，空气湿度大，墙面等表面会凝聚一层水汽；连续的雨天会使油漆发白，会使新涂的乳胶漆起泡，甚至脱落；砌新墙时，水泥和粉尘不易干燥，从而影响整个工程。

保持室内良好的通风 阴雨天时不仅空气潮湿，而且气压低，因此施工中要将所有的门窗都打开，以保持室内良好的通风，这样不仅有利于施工人员的身体健康，而且有助于室内墙面、地面及木材等的尽早干燥。

不要购买易吸收水分的材料 阴雨天空气湿度大，一些易吸收水分的材料，如木材、板材、石膏板，在运送或存放的过程中处理不当，极易受潮，受潮后的板材会生霉点。易吸收水分的板材在做成木龙骨、木制品后，随着空气逐渐干燥、材料中的水分挥发后，极易开裂变形，还会影响其他材料。例如用板材做龙骨的石膏吊顶，因为板材的收缩系数比石膏大，木龙骨变形会直接导致石膏吊顶开裂，影响装修质量。所以购买材料时一定要注意材料是否干燥，还要尽量避

免在阴雨天购买。

墙面装修刮腻子时要延长干透时间　涂刷墙面前先要刮腻子，一般需要1~3遍，其正常的干透时间为1~2天。但在阴雨天刮腻子时，应用干布将墙面水汽擦拭干净，以尽可能保持墙面干燥。同时还应根据天气的实际情况，尽可能延长腻子干透的时间，一般以2~3天为宜。

下雨天时切勿刷漆　对于木制品，无论是刷清漆或做混油时刷硝基漆，都尽量不要安排在下雨天时刷，因为木制品表面在雨天时会凝聚一层水汽，如果这时刷漆，水汽便会包裹在漆膜里，使木制品表面浑浊不清。比如雨天刷硝基漆，会导致色泽不均匀；而刷油漆，则会出现返白的现象。

如果一定要赶工期，可以在漆中加入一定量的化白粉。化白粉可以吸收空气中的潮气，并加快干燥速度，但也会对工程质量带来一定的负面影响。所以一般情况下，哪怕让施工队先干点儿别的活或暂时停工两天，也尽可能不要在下雨天时刷油漆。

另外，虽然阴雨天对墙面刷乳胶漆的影响不太大，但也要注意适当延长刷完第一遍后墙体干燥的时间。一般来讲，正常间隔为 2h 左右，雨天可根据天气状况再延长。装修中许多工艺步骤都有一个"技术间歇时间"，如水泥需要 24h 的凝固期，刮腻子每一遍要经过一段干燥期，每一遍干透才能再刮第二遍；油漆也需要每一遍干透再刷上第二遍、第三遍。所以，在阴雨天，这种技术间歇时间一般都要延长，必须耐心等待。

铺地砖时不要让水泥受潮　遇到阴雨天进行地面铺砖时，最好在水泥表面覆盖好牛皮纸或塑料布等物，同时尽量令其远离水源，以防止受潮或浸湿后结成块状。但抹好的水泥还是会受到空气潮湿的影响，令凝固速度减慢。所以铺贴完地砖后，不能马上在上面踩踏，应设置跳板以方便通行。

下雨天尽量别铺木地板　无论是实木地板还是复合地板，都尽量不要在下雨天进行铺装。因为雨天地面会受潮，特别是一楼，还会出现返潮现象。此时水分蒸发得慢，胶干得也慢，如果在这种情况下铺装，将来很容易变形或出现空鼓

298 299 300 301 302 303 304 305 306
307 308 309 310 311 312 313 314 315
316 317 318 319 320 321 322 323 324
325 326 327 328 329 330 331 332 333
334 335 336 337 338 339 340 341 342
343 344 345 346 347 348 349 350 351
352 353 354 355 356 357 358 359 360
361 362 363 364 365 366 367 368 369
370 371 372 373 374 375 376 377 378
379 380 381 382 383 384 385 386 387
388 389 390 391 392 393 394 395 396

天花

现象。但在空气湿度不是很大的阴天里，还是可以铺装木地板的，但此时检查地板含水率非常重要，一般强化木地板、实木复合地板均能达到要求，而实木地板、竹地板务必检查，否则到冬季时，室内干燥又有暖气，地板会出现缝隙过大的现象。检查合格后，务必把地板装入原包装，并用塑料布包好，否则地板会因吸收室内空气中的水分而变形。阴雨天，要注意提醒施工人员铺装得紧凑些，以免天一晴，水分蒸发干净后木地板收缩，造成地板间缝隙过大。

　　防止木制品因受潮而变形　雨季施工最重要的是防止现场制作的木制品变形。具体保护措施可在木门、窗成形并尚未刷（喷）漆时，用重物对其平压近一周的时间，使门或窗的结构基本稳定，防止木制品因受潮而变形。

　　防止电线因受潮短路而引发火灾　阴雨天装修时，更应注意对电路改造的规范化操作，特别是在阳台等容易被雨淋湿的地方，一定要将露在电线外面的铜线头包好，以防止电线受潮后短路。尤其对于环绕在受潮的木龙骨、大芯板等木制品周围的电线，更应注意到这一点。

家装细部

56